Evoluzione della Forma
Parte quinta
Catalogo della Scultura Paleolitica
Europea Collezione Gaietto

COLLANA EVOLUZIONE DELLA FORMA
di Pietro Gaietto

PARTE I
FILOGENESI DELLA BELLEZZA

PARTE II
CELLULE INTELLIGENTI E LORO INVENZIONI

PARTE III
EROTISMO E RELIGIONE

PARTE IV
SCULTURA ANTROPOMORFA PALEOLITICA

PARTE V
CATALOGO DELLA SCULTURA PALEOLITICA EUROPEA
COLLEZIONE GAIETTO

PARTE VI
GLI ANIMALI SACRI NELLA SCULTURA DEL PALEOLITICO
LORO EVOLUZIONE NELLE RELIGIONI PROTOSTORICHE E STORICHE

PARTE VII
ICONOGRAFIA DELLE RELIGIONI OCCIDENTALI
DAL PALEOLITICO AI NOSTRI GIORNI

PARTE VIII
CONCETTUARIO DEGLI STILI
GIROVAGANDO PER L'ARTE

PARTE IX
IL CAVALLO E LA RUOTA

PARTE X
IL CANE E L'UOMO

PARTE XI
HOMORIGINE

PARTE XII
CACCIA E GASTRONOMIA

PARTE XIII
LA MOLLETTA PINZANTE

PARTE XIV
ASCE

PARTE XV
LA FELICITÀ

Coordinamento editoriale, fotografie Licia Filingeri e Pietro Gaietto
II Edizione Ottobre 2019
Copyright © 2012 Pietro Gaietto
ISBN 978-0-244-24110-0

Tutti i diritti sono riservati. E' vietata la riproduzione dell'opera o di sue parti con qualsiasi mezzo, comprese stampa, fotocopia, digitalizzazioni su Internet, e-books, se non nei termini previsti dalla legge che tutela il Diritto d'Autore.

©2008 Pietro Gaietto
gaietto@fastwebnet.it

PIETRO GAIETTO

CATALOGO DELLA SCULTURA PALEOLITICA
EUROPEA
COLLEZIONE GAIETTO

Fig. 9 Alt. 9 cm

Indice

Introduzione		5
Illustrazioni		
Scultura antropomorfa	1) Testa umana senza collo (da 1 a 46)	7
	2) Testa con collo e/o con copricapo a cono (da 47 a 55)	10
	3) Testa bifronte (due teste umane unite per la nuca) (da 56 a 149)	11
	4) Testa bifronte (tre o quattro teste) (da 150 a 156)	19
	5) Testa con corpo verticale parziale (da 157 a 163)	20
	6) Donna nuda con attributi sessuali (Venere) (da 164 a 166)	20
Scultura zooantropomorfa	7) Testa bifronte uomo e mammifero (da 167 a 186)	20
	8) Testa bifronte uomo e uccello e (da 187 a 196)	22
	9) Ibrido artistico uomo e mammifero (da 197 a 200)	23
Scultura zoomorfa	10) Testa bifronte (due teste di mammiferi unite per la nuca) (da 201 a 209)	23
	11) Testa senza collo di mammifero (da 210 a 219)	24
	12) Testa di mammifero con corpo orizzontale parziale (da 220 a 222)	25
Didascalie		27
Cartine della distribuzione geografica dei siti		50
Indice delle località di ogni regione		51

Fig. 121 Alt. 29 cm

Introduzione

Il *Catalogo della Scultura Paleolitica Europea-Collezione Gaietto* comprende 222 reperti che appartengono prevalentemente al Paleolitico inferiore e al Paleolitico medio. Le sculture del Paleolitico superiore sono in numero minore, data la brevità del Periodo culturale.

La maggior parte delle sculture proviene da varie regioni d'Italia, nelle quali ho fatto intense ricerche a iniziare dal 1959; le altre sono state trovate in Danimarca, Spagna, Francia, Germania, Grecia e Turchia, dove ho svolto brevi ricerche esplorative.

Queste sculture sono suddivise in 12 tipi, che probabilmente avevano significati diversi nelle varie religioni che si sono susseguite. Tale suddivisione, anche se frammentaria, è utile per seguire i tipi più diffusi nel tempo in Europa.

Nell'arte paleolitica la rarità non è un pregio.

Di ogni scultura ho indicato il numero di catalogazione scritto sul reperto, di utilità per quegli studiosi che in futuro dovessero venirne in possesso, giacché alcune sculture sono quasi uguali, e provengono da differenti località, poste anche a grande distanza l'una dall'altra.

Nel catalogo c'è una foto per ogni scultura, sufficiente per identificarla. Ma per meglio apprezzarle, consiglio di consultare il mio libro *Scultura antropomorfa paleolitica*, dove quasi la totalità delle sculture, presente anche in questo catalogo, è corredata da uno o più disegni e fotografie, per mostrarne i vari lati e capire meglio le specie umane raffigurate, gli stili e le parti scolpite.

È importante tenere presente che la composizione della scultura paleolitica è profondamente diversa da quella della scultura delle civiltà storiche e attuali, proprio come gli utensili litici del Paleolitico, che fanno parte della cultura materiale, sono diversi da quelli attuali in metallo stampato, che usiamo quotidianamente.

Pietro Gaietto

Genova, Giugno 2012

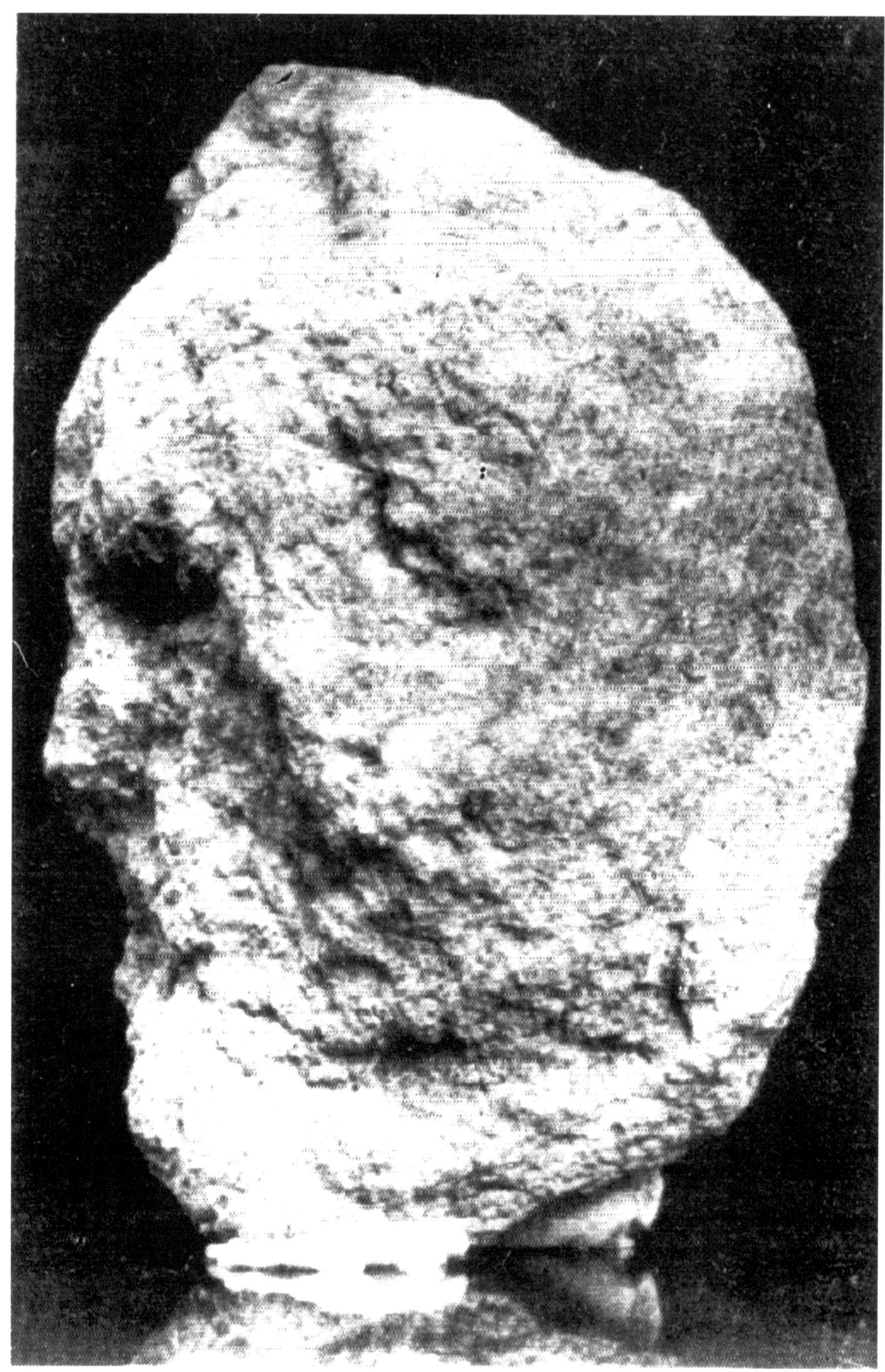

Fig. 46 Alt 24 cm

13 Lungh. cm 46
14 Alt. cm 9
15 Alt. cm 10
16 Alt. cm 16
17 Alt. cm 10
18 Lungh. cm 12,5
19 Lungh. cm 9
20 Lungh. cm 9,5
21 Lungh. cm 29
22 Lungh. cm 9
23 Lungh. cm 8,5
24 Lungh. cm 12,5

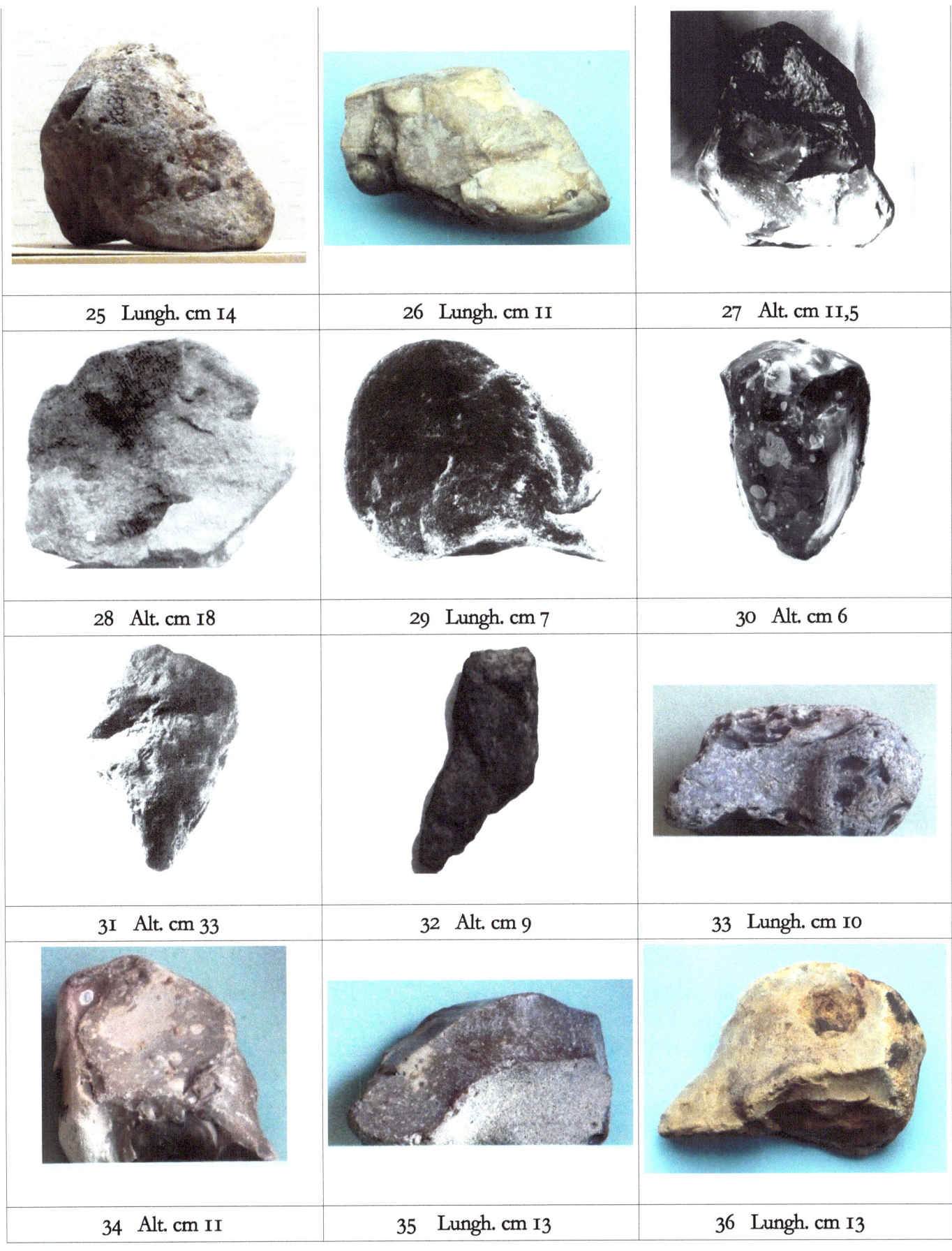

25 Lungh. cm 14	26 Lungh. cm 11	27 Alt. cm 11,5
28 Alt. cm 18	29 Lungh. cm 7	30 Alt. cm 6
31 Alt. cm 33	32 Alt. cm 9	33 Lungh. cm 10
34 Alt. cm 11	35 Lungh. cm 13	36 Lungh. cm 13

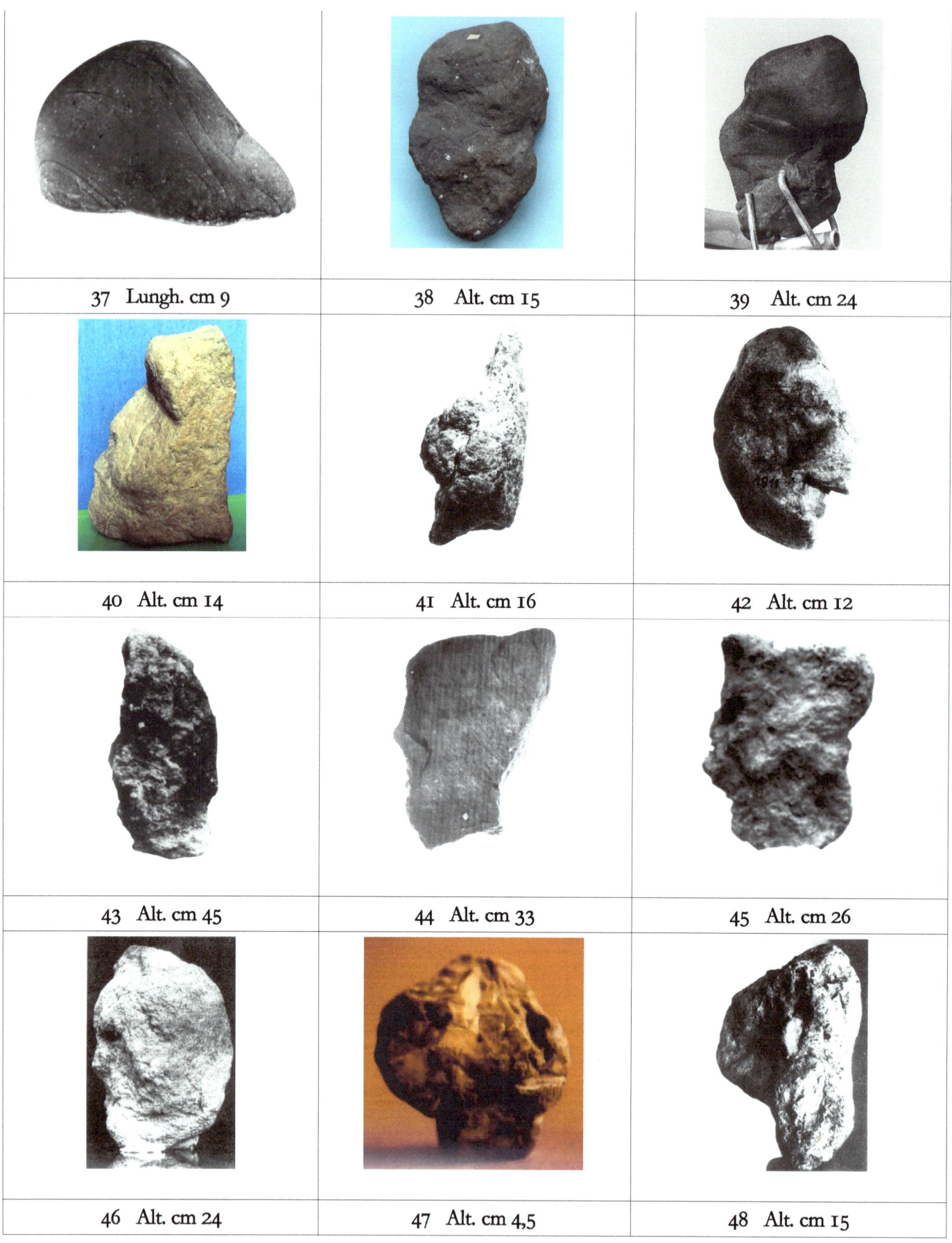

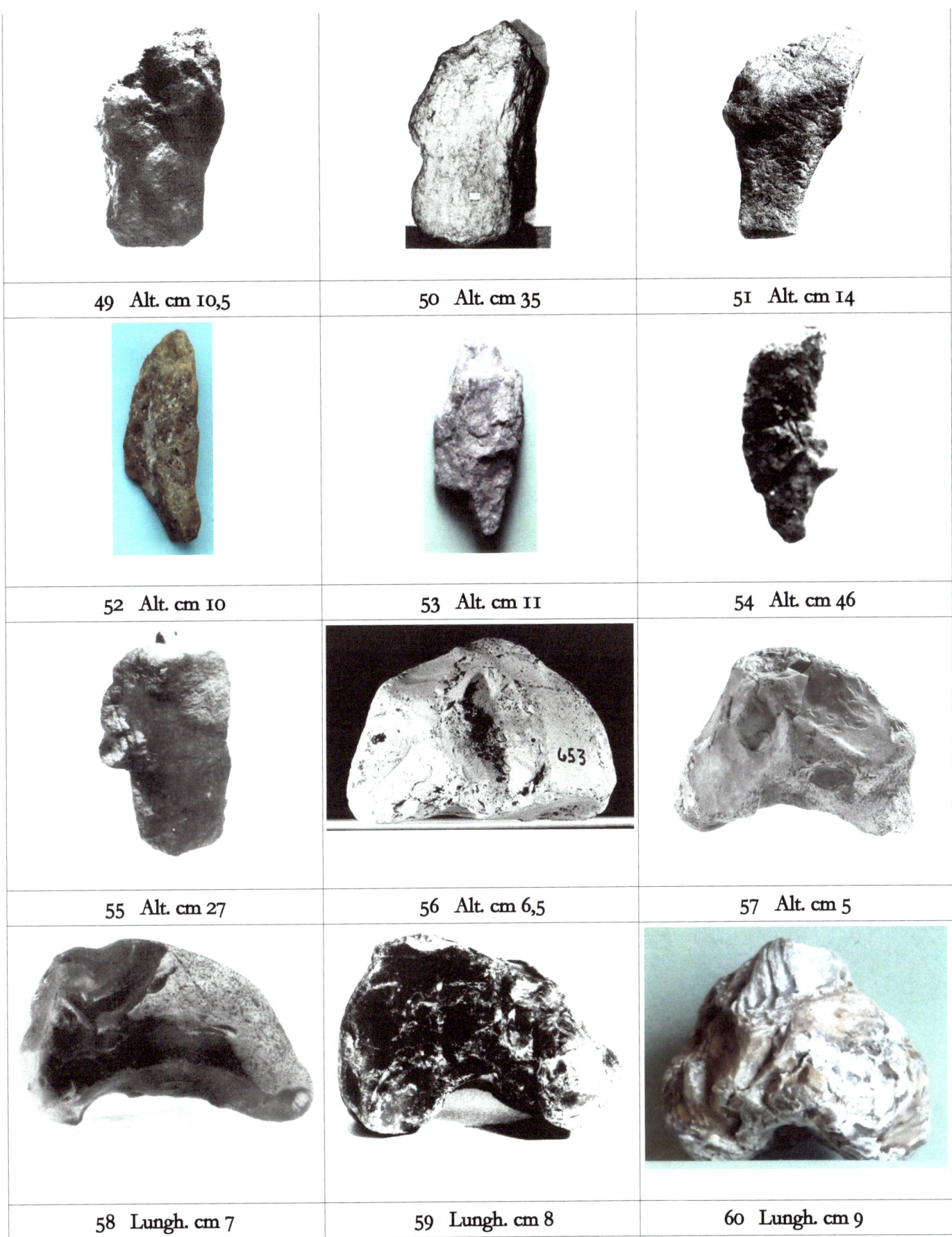

49 Alt. cm 10,5	50 Alt. cm 35	51 Alt. cm 14
52 Alt. cm 10	53 Alt. cm 11	54 Alt. cm 46
55 Alt. cm 27	56 Alt. cm 6,5	57 Alt. cm 5
58 Lungh. cm 7	59 Lungh. cm 8	60 Lungh. cm 9

73 Alt. cm 8	74 Alt. cm 8	75 Alt. cm 8
76 Alt. cm 12	77 Lungh. cm 14	78 Lungh. cm 6,5
79 Alt. cm 8	80 Lungh. cm 11	81 Alt. cm 9
82 Alt. cm 9	83 Lungh. cm 7,5	84 Lungh. cm 8,5

85 Alt. cm 8	86 Lungh. cm 6	87 Lungh. cm 10,5
88 Lungh. cm 11	89 Lungh. cm 14	90 Lungh. cm 8
91 Lungh. cm 8	92 Lungh. cm 9	93 Lungh. cm 12
94 Alt. cm 8	95 Alt. cm 7	96 Alt. cm 3,5

109 Alt. cm 7,3	110 Lungh. cm 7,5	111 Lungh. cm 10
112 Alt. cm 9	113 Lungh. cm 9,5	114 Alt. cm 9
115 Alt. cm 10	116 Alt. cm 19	117 Lungh. cm 10
118 Lungh. cm 8	119 Alt. cm 9	120 Alt. cm 10,5

121 Lungh. cm 29
122 Lungh. cm 14,5
123 Alt. cm 8,5
124 Lungh. cm 13
125 Lungh. cm 7
126 Alt. cm 5,6
127 Lungh. cm 13
128 Alt. cm 42
129 Alt. cm 12
130 Alt. cm 34
131 Alt. cm 13
132 Lungh. cm 28

133 Lungh. cm 9	134 Alt. cm 17	135 Alt. cm 6
136 Lungh. cm 22	137 Alt. cm 9	138 Alt. cm 57
139 Alt. cm 5	140 Alt. cm 30	141 Alt. cm 23
142 Alt. cm 5	143 Alt. cm 27	144 Lungh. cm 43

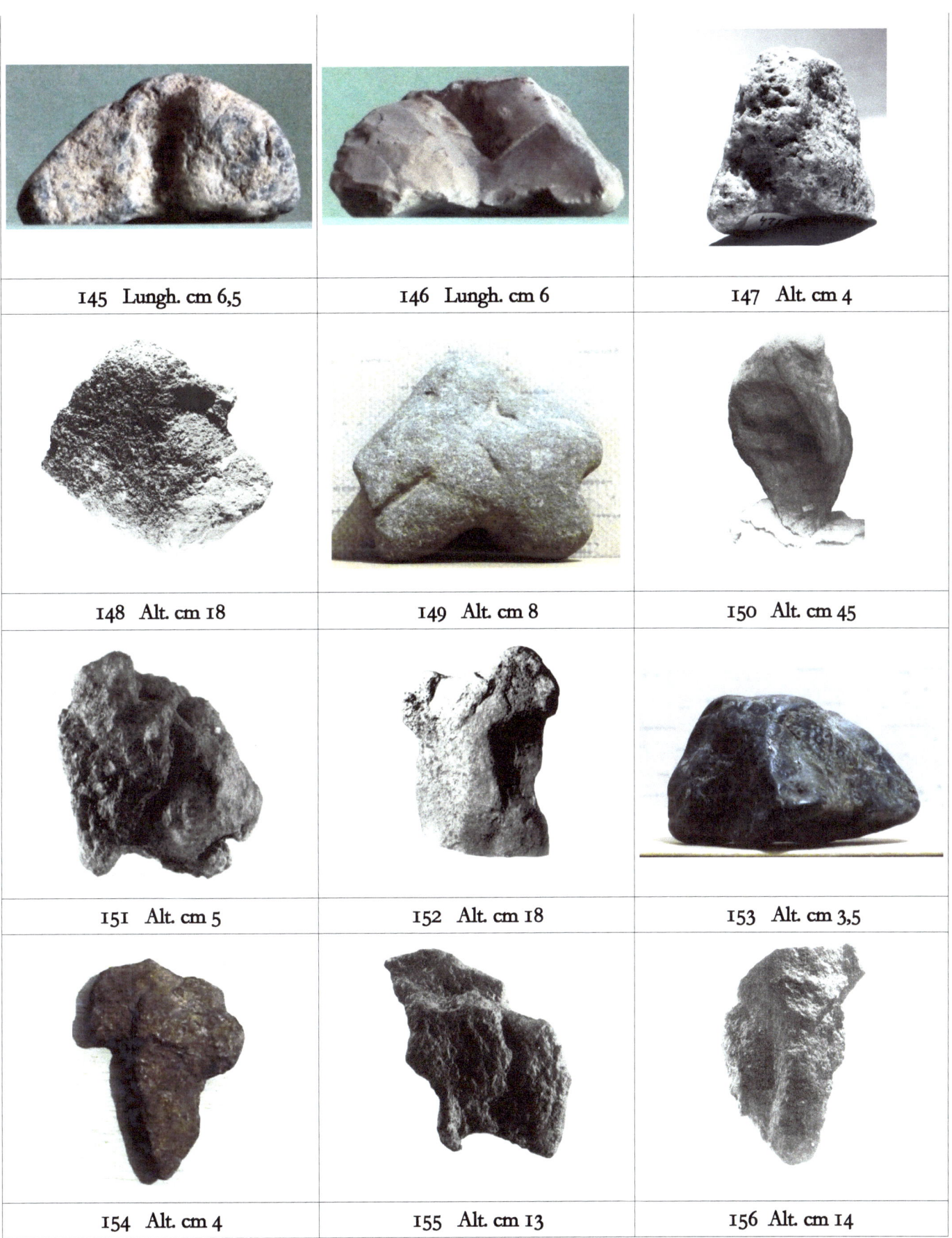

145 Lungh. cm 6,5	146 Lungh. cm 6	147 Alt. cm 4
148 Alt. cm 18	149 Alt. cm 8	150 Alt. cm 45
151 Alt. cm 5	152 Alt. cm 18	153 Alt. cm 3,5
154 Alt. cm 4	155 Alt. cm 13	156 Alt. cm 14

169 Lungh. cm 18	170 Lungh. cm 7,5	171 Alt. cm 7
172 Lungh. cm 11	173 Lungh. cm 9	174 Alt. cm 7
175 Alt. cm 38	176 Lungh. cm 48	177 Lungh. cm 11
178 Lungh. cm 10	179 Lungh. cm 12	180 Lungh. cm 10,5

181 Lungh. cm 12	182 Lungh. cm 20	183 Lungh. cm 23
184 Lungh. cm 12	185 Lungh. cm 15	186 Alt. cm 7
187 Lungh. cm 10,5	188 Lungh. cm 8,5	189 Lungh. cm 8
190 Lungh. cm 15	191 Lungh. cm 14	192 Lungh. cm 33

193 Lungh. cm 30	194 Lungh. cm 17,5	195 Lungh. cm 28
196 Alt. cm 9	197 Alt. cm 6,5	198 Alt. cm 14
199 Alt. cm 32	200 Alt. cm 6,5	201 Lungh. cm 8
202 Lungh. cm 10	203 Lungh. cm 9	204 Lungh. cm 26

205 Lungh. cm 25
206 Lungh. cm 9
207 Lungh. cm 7
208 Lungh. cm 18
209 Lungh. cm 6,7
210 Lungh. cm 17
211 Alt. cm 9
212 Lungh. cm 7
213 Lungh. cm 12
214 Lungh. cm 7
215 Lungh. cm 12,5
216 Alt. cm 4

| 217 Alt. cm 31 | 218 Lungh. cm 6 | 219 Lungh. cm 4,2 |
| 220 Lungh. cm 6,5 | 221 Lungh. cm 7,5 | 222 Lungh. cm 43 |

Didascalie

Fig. 1
Scultura antropomorfa. San Severo (Foggia). Raffigura una testa attribuita a *Homo habilis*. Olduvaiano.
Inventario 619.

Fig. 2
Scultura antropomorfa. Rodi Garganico (Foggia). Raffigura probabilmente una testa di *Homo habilis*. Olduvaiano. Selce.
Inventario 663.

Fig. 3
Scultura antropomorfa. Senigallia (Ancona). Testa umana di Neandertaliano arcaico (sguardo a destra). Fluitata.
Inventario 979.

Fig. 4
Scultura antropomorfa. Pofi (Frosinone). Raffigura probabilmente un *Sapiens* arcaico. Molto fluitata (sguardo a sinistra).
Inventario 1467.

Fig. 5
Scultura antropomorfa. Rodi Garganico (Foggia). Raffigura una testa umana nella linea preneanderthaliana (sguardo a destra).
Inventario 715.

Fig. 6
Scultura antropomorfa. Varazze (Savona). Raffigura una testa umana con mento e senza fronte (sguardo a destra). Paleolitico medio.
Inventario 408.

Fig. 7
Scultura antropomorfa. Rodi Garganico (Foggia). Raffigura una testa con mento e senza fronte (sguardo a sinistra). Fluitata. Paleolitico inferiore. Selce.
Inventario 50-8.

Fig. 8
Scultura antropomorfa. Giannina (Grecia). Raffigura una testa umana, senza tratti del volto, con un solo occhio, in parte naturale e in parte scavato. Danneggiata da rotolamento. Forse musteriana.
Inventario 1726.

Fig. 9
Scultura antropomorfa. Genova, località Vesima. Raffigura probabilmente una testa di *Homo erectus* (o simile) con mandibola prominente.
Inventario 310.

Fig. 10
Scultura antropomorfa. Senigallia, Ancona (Marche). Raffigura una testa che sembra di *Homo erectus*.
Inventario 1892.

Fig. 11
Scultura antropomorfa. Senigallia, Ancona (Marche). Raffigura una testa che sembra di *Homo erectus*. Forte deformazione stilistica; danneggiamento da rotolamento. Sulla nuca ha un copricapo e una piccola testa cancellata dal rotolamento.
Inventario 1882.

Fig. 12
Scultura antropomorfa. Genova, località Voltri (Liguria). Raffigura una testa di Uomo di Neanderthal, forse una testa femminile per il cappuccio.
Inventario XH6.

Fig. 13
Scultura antropomorfa. Mouthiers, Charente (Francia). Raffigura una testa di *Homo erectus* (o simile) con mandibola prominente.
Inventario ZH9

Fig. 14
Scultura antropomorfa. Tortona, alluvioni del torrente Scrivia (Alessandria). Raffigura una testa di *Homo erectus* (o simile) con mandibola prominente.
Inventario 1851.

Fig. 15
Scultura antropomorfa. Tortona (Alessandria). Raffigura una testa di un pre-neandertaliano. Stile piacevole. Fluitato.
Inventario 1852.

Fig. 16
Scultura antropomorfa. Faro Rossello, presso Realmonte (Agrigento). Raffigura una testa che sembra nella linea evolutiva dell'Uomo moderno. Fluitata.
Inventario CP1.

Fig. 17
Scultura antropomorfa. Rodi Garganico (Foggia). Raffigura una testa di pre-neandertaliano (sguardo a sinistra), senza fronte e senza mento. Stile verticale elegante. Selce.
Inventario 50-16.

Fig. 18
Scultura antropomorfa. Périgueux (Dordogne, Francia). Raffigura una testa senza collo nella linea evolutiva dell'Uomo di Neanderthal (sguardo a sinistra). Selce.
Inventario PER 2.

Fig. 19
Scultura antropomorfa. Peschici (Foggia). Raffigura una testa umana con mento, senza fronte (sguardo a destra). Musteriano. Selce.
Inventario 50-18.

Fig. 20
Scultura antropomorfa. Senigallia, Ancona (Marche). Raffigura una testa di *Homo sapiens* arcaico, con mento e fronte. Lo stile è di tipo allungato orizzontale. Selce.
Inventario 1893.

Fig. 21
Scultura antropomorfa. Torrente Romandato, Rodi Garganico (Foggia). Raffigura una testa umana con bocca spalancata, ottenuta da una forma naturale, ma scolpita da tutte le altre parti. Lievemente danneggiata da rotolamento. Acheuleano. Stile espressionista rappresentante un urlo.
Inventario ROMANDATO.

Fig. 22
Scultura antropomorfa. Spinacchi (Torrente Romandato, Rodi Garganico). Raffigura una testa umana con bocca spalancata, ottenuta da una forma naturale, ma è scolpita da ogni altra parte. Stile espressionista rappresentante un urlo.
Inventario SPINACCHI.

Fig. 23
Scultura antropomorfa. Mouthiers (Charente, Francia). Raffigura una testa di Neandertaliano con occhi e bocca ricavati dalla forma naturale della selce (sguardo a destra). Selce.
Inventario MOU 2.

Fig. 24
Scultura antropomorfa. Antica alluvione torrente Bisagno, Genova. È deturpata da rotolamento alluvionale, ma si vedono le tracce di lavorazione. È una testa, forse di un *Sapiens* arcaico, con mento. Lo stile è di tipo allungato orizzontale.
Inventario GE-BISAGNO.

Fig. 25
Scultura antropomorfa. Grotta delle Capre, Monte Circeo (Latina). Raffigura una testa singola di *Homo sapiens* arcaico, con mento e assenza di fronte, in vista semi frontale (sguardo a destra). Metà della scultura è piana.
Inventario 591.

Fig. 26
Scultura antropomorfa. Rodi Garganico (Foggia). Raffigura una testa di *Sapiens* arcaico in vista laterale, ma è bene raffigurata in vista frontale con naso, i due occhi (zona orbitale) e mandibola larga e prominente (sguardo a destra). Selce.
Inventario 50-24.

Fig. 27
Scultura antropomorfa. Rodi Garganico (Foggia). Raffigura una testa di *Homo erectus*, senza fronte e con mento prominente. Periodo Acheuleano. Quattro disegni in "*Scultura antropomorfa paleolitica*" (2012, www.Lulu.com), Fig. n. 4.
Inventario NB-172.

Fig. 28
Scultura antropomorfa. Urbe, frazione San Pietro d'Olba (Savona), 484 m s. l. m. Raffigura una testa di *Homo sapiens* arcaico, con mento e senza fronte (a destra).
Inventario 25.

Fig. 29
Scultura antropomorfa. Vicenza. Raffigura una testa di *Homo erectus* (o simile) con mandibola prominente.
Inventario VICENZA 1755.

Fig. 30
Scultura antropomorfa. Rodi Garganico (Foggia). Raffigura una testa singola, che potrebbe essere di Uomo moderno.
Inventario 1760.

Fig. 31
Scultura antropomorfa. Andora (Savona). Raffigura una testa umana in vista frontale. Sono rappresentati gli occhi, ma non si può stabilire la specie. Forse un Uomo moderno. Fluitata.
Inventario H3.

Fig. 32
Scultura antropomorfa. Urbe, località San Pietro d'Olba (Savona). Raffigura una testa di Uomo moderno. Stile allungato verticale.
Inventario 151.

Fig. 33
Scultura antropomorfa. Aarhus (Danimarca). Raffigura una testa (sguardo a sinistra) nella linea evolutiva dell'Uomo moderno. Acheuleano.
Inventario AA 1.

Fig. 34
Scultura antropomorfa. Rodi Garganico, torrente Romandato (Foggia). Raffigura una testa di *Sapiens* arcaico con mento (sguardo a destra). Selce.
Inventario N-2011.

Fig. 35
Scultura antropomorfa. Rodi Garganico (Foggia). Raffigura una testa in vista frontale e con mento, senza altri particolari del volto (sguardo a sinistra). Bella nella sua astrazione. Selce.
Inventario N 28.

Fig. 36
Scultura antropomorfa. Rodi Garganico (Foggia). Raffigura una testa di *Homo sapiens* arcaico (sguardo a sinistra). Selce.
Inventario GA 1.

Fig. 37
Scultura antropomorfa. Senigallia (Ancona). Testa umana senza occhi, naso e bocca, completamente levigata. Forse Neolitico.
Inventario NN 13.

Fig. 38
Scultura antropomorfa. Tiglieto (Genova). Raffigura una testa di Uomo moderno, con fronte (sguardo a sinistra).
Inventario 146.

Fig. 39
Scultura antropomorfa. Peschici (Foggia). Raffigura una testa di *Homo erectus*, o di un uomo del Paleolitico inferiore.
Inventario NN 15.

Fig. 40
Scultura antropomorfa. Località Vesima (Genova). Raffigura una testa di Neandertaliano. Paleolitico medio.
Inventario 309.

Fig. 41
Scultura antropomorfa. Tiglieto, 500 m s. l. m., Genova. Raffigura una testa di Uomo moderno, con tradizione culturale dei Neandertaliani.
Inventario 1832.

Fig. 42
Scultura antropomorfa. Tortona (Alessandria). Raffigura una testa senza mento di un uomo quasi moderno, stile caricaturale. Danneggiata da rotolamento fluviale.
Inventario 1811.

Fig. 43
Scultura antropomorfa. Urbe, località San Pietro d'Olba (Savona). Raffigura una testa di Uomo moderno.
Inventario NN-2.

Fig. 44
Scultura antropomorfa. Urbe, località Vara inferiore (Savona). Raffigura una testa di Uomo moderno con una sorta di cappuccio.
Inventario 4-76.

Fig. 45
Scultura antropomorfa. Campo Ligure (Genova). Raffigura una testa di Uomo moderno con capigliatura ed espressione del volto realistica.
Inventario XH 11.

Fig. 46
Scultura antropomorfa. Sassello, frazione Palo (Savona). Raffigura una testa di Uomo moderno con capigliatura, barba e baffi.
Inventario 76.

Fig. 47
Scultura antropomorfa bifronte. (Abruzzo). Raffigura due teste unite per la nuca, una con collo. I tipi umani non hanno il mento e la fronte, e potrebbero essere *Homo erectus* oppure Neandertaliani arcaici.
Inventario 1320.

Fig. 48
Scultura antropomorfa. Valle del Vero, 700 m s. l. m., Toirano (Savona). Raffigura una testa di donna neandertaliana con acconciatura a cono.
Inventario 347.

Fig. 49
Scultura antropomorfa. Località San Pietro d'Olba 700 m s. l. m., Urbe (Savona). Raffigura una testa di donna neandertaliana con acconciatura a cono.
Inventario 8.

Fig. 50
Scultura antropomorfa. Tiglieto, frazione Acquabona, 500 m s. l. m. (Genova). Raffigura una testa con collo di Uomo moderno barbuto.
Inventario ZH 8.

Fig. 51
Scultura antropomorfa. Grotta delle Capre, Monte Circeo, Latina (Lazio). Raffigura una testa di donna con cappuccio e caratteri misti Uomo di Neanderthal e Uomo moderno. Paleolitico medio.
Inventario 589.

Fig. 52
Scultura antropomorfa. Urbe, località San Pietro d'Olba (Savona). Raffigura una testa con collo, che presumo di Uomo moderno (sguardo a sinistra), in stile verticale allungato.
Inventario 159.

Fig. 53
Scultura antropomorfa. Cogoleto (Genova). Raffigura una testa di Uomo moderno con fronte, mento e collo.
Inventario 1953.

Fig. 54
Scultura antropomorfa. Urbe, località San Pietro d'Olba (Savona). Raffigura una testa di Uomo moderno con fronte e mento, e forse con un copricapo.
Inventario 129.

Fig. 55
Scultura antropomorfa. Urbe, località San Pietro d'Olba (Savona). Raffigura una testa con collo di Uomo moderno.
Inventario 88.

Fig. 56
Scultura antropomorfa bifronte. Rodi Garganico (Foggia). Raffigura due teste umane probabilmente di *Homo habilis*. Prive di fronte. Selce. Danneggiata da rotolamento. Olduvaiano.
Inventario 653.

Fig. 57
Scultura antropomorfa bifronte. Rodi Garganico (Foggia). Raffigura due teste umane probabilmente di *Homo habilis*. Selce. Olduvaiano.
Inventario NN 6.

Fig. 58
Scultura antropomorfa bifronte. Rodi Garganico (Foggia). Raffigura due teste umane di diversa dimensione, una ha la forma naturale con la scorza del nodulo di selce. Acheuleano.
Inventario 1846.

Fig. 59
Scultura antropomorfa bifronte. Gela (Caltanissetta, Sicilia). Raffigura una testa di *Homo erectus* o Neandertaliano arcaico unita a una di *Sapiens* arcaico con mandibola prominente o barba.
Inventario B 311.

Fig. 60
Scultura antropomorfa bifronte. Palma di Montechiaro (Agrigento, Sicilia). Raffigura due teste di *Homo erectus* oppure di pre-neandertaliani. Realizzata su conglomerato di conchiglie selcizzate. Selce.
Inventario 9 A.

Fig. 61
Scultura antropomorfa bifronte. Rodi Garganico (Foggia). Raffigura una testa di Neandertaliano arcaico con mento (a sinistra) e un Neandertaliano privo di mento. Paleolitico medio.
Inventario 681.

Fig. 62
Scultura antropomorfa bifronte. Rodi Garganico (Foggia). Raffigura una testa umana non definibile (a sinistra) unita a una testa nella linea evolutiva di *Homo erectus*. Con deformazione stilistica. Acheuleano. Selce.
Inventario 50-12.

Fig. 63
Scultura antropomorfa bifronte. Rodi Garganico (Foggia). Raffigura due *Homo erectus* o forse due Neandertaliani arcaici. Fluitata. Selce.
Inventario 50-9.

Fig. 64
Scultura antropomorfa bifronte. Rodi Garganico (Foggia). Raffigura due teste, una nella linea *Sapiens* (a sinistra) e l'altra nelle linee dei Neandertaliani. Acheuleano antico.
Inventario GARGA-TRE.

Fig. 65
Scultura antropomorfa bifronte. Rodi Garganico (Foggia). Raffigura due teste umane senza fronte e con mento o mandibola prominente. Acheuleano antico. Fluitata. Selce.
Inventario 50-23.

Fig. 66
Scultura antropomorfa bifronte. Rodi Garganico (Foggia). Raffigura due teste umane nella linea evolutiva verso l'Uomo moderno. Conglomerato di fossili marini selcizzati.
Inventario 50-20.

Fig. 67
Scultura antropomorfa bifronte. Rodi Garganico (Foggia). Raffigura due teste unite, con mento e senza fronte. Acheuleano. Selce.
Inventario 50-19.

Fig. 68
Scultura antropomorfa bifronte. Rodi Garganico (Foggia). Raffigura una testa di Paleantropo in stile allungato e una testa di Paleantropo proporzionata al naturale. Fluitata. Selce.
Inventario 50-2.

Fig. 69
Scultura antropomorfa bifronte. Tortona (Alessandria). Raffigura due teste, forse di *Homo erectus*. Forte deformazione stilistica con danneggiamento da rotolamento.
Inventario 1856.

Fig. 70
Scultura antropomorfa bifronte. Esbjerg (Danimarca). Raffigura due teste umane unite per la nuca di pre-neandertaliani. Selce.
Inventario EIS 1.

Fig. 71
Scultura antropomorfa bifronte. Rodi Garganico (Foggia). Raffigura una testa umana con mento (a sinistra) unita a una testa più piccola non definibile di Paleantropo arcaico. Selce.
Inventario 50-5.

Fig. 72
Scultura antropomorfa bifronte. Rodi Garganico (Foggia). Raffigura una testa con mento e senza fronte, unita a una testa di Paleantropo. Fluitata lievemente. Selce.
Inventario 50-3.

Fig. 73
Scultura antropomorfa bifronte. Rodi Garganico (Foggia). Raffigura due teste umane di Uomo di Neanderthal arcaico, di cui una con una specie di cappuccio. Selce. Lavorazione grossolana.
Inventario 1838.

Fig. 74
Scultura antropomorfa bifronte. Senigallia (Ancona). Raffigura una testa umana senza fronte, unita a una testa di mammifero.
Inventario 1917.

Fig. 75
Scultura antropomorfa bifronte. Senigallia (Ancona). Raffigura una testa umana unita a una testa con bocca spalancata.
Inventario 1877.

Fig. 76
Scultura antropomorfa bifronte. Périgueux (Francia). Raffigura due teste nella linea evolutiva dell'Uomo moderno. Selce.
Inventario PER 4.

Fig. 77
Scultura antropomorfa bifronte. Périgueux (Francia). Raffigura la testa di un Uomo moderno con grande naso (a sinistra) unita a una testa che sembra di Neanderthal. Selce.
Inventario PER 1.

Fig. 78
Scultura antropomorfa bifronte. Rodi Garganico (Foggia). Raffigura due teste con mento senza fronte, in stile schematico, ma proporzionate al naturale. Selce.
Inventario 50-13.

Fig. 79
Scultura antropomorfa bifronte. Senigallia (Ancona). Raffigura una testa umana unita a un'altra con bocca spalancata. Selce.
Inventario 1877.

Fig. 80
Scultura antropomorfa bifronte Maribo (Danimarca). Raffigura due teste umane senza fronte, una con mento. Acheuleano evoluto.
Inventario NN 5.

Fig. 81
Scultura antropomorfa bifronte. Rodi Garganico (Foggia). Raffigura una testa con mento, senza fronte (a sinistra) unita a una testa priva di fronte e di mento. Acheuleano. Fluitata. Selce.
Inventario 50-14.

Fig. 82
Scultura antropomorfa bifronte. Senigallia (Ancona). Raffigura due teste unite per la nuca nella linea evolutiva verso l'Uomo moderno, poiché hanno mento o barba. Musteriano. Selce.
Inventario 1879.

Fig. 83
Scultura antropomorfa bifronte. Rodi Garganico (Foggia). Raffigura due teste umane, senza particolari del volto, *Sapiens* arcaico (a sinistra) e Neandertaliano arcaico (a destra).
Inventario E-B 14.

Fig. 84
Scultura antropomorfa bifronte. Rodi Garganico (Foggia). Raffigura due teste umane simili a *Homo erectus*, una con mandibola prominente. Altri cinque disegni di ogni lato in "*Scultura antropomorfa paleolitica*", op. cit.
Inventario N-747.

Fig. 85
Scultura antropomorfa bifronte. Maribo (Danimarca). Raffigura due teste in stile artistico elegante e con ottima lavorazione, realizzato su un nodulo di selce di cui è stata utilizzata una forma naturale preesistente, dalla quale non si rileva la specie umana, salvo una generica attribuzione a Neanderthaliani arcaici.
Inventario NC 617.

Fig. 86
Scultura antropomorfa bifronte. Ischitella (Foggia). Raffigura due teste e unite per la nuca di *Sapiens* arcaici con mento. Selce.
Inventario Z A8.

Fig. 87
Scultura antropomorfa bifronte. Monti Lessini, Pian Castagnè (Verona). Raffigura due teste di *Sapiens* arcaico con mento. Selce.
Inventario PIC 2.

Fig. 88
Scultura antropomorfa bifronte. La Micoque (Dordogna, Francia). Raffigura due teste umane unite per la nuca, quella di destra con mento. Selce.
Inventario L M 1.

Fig. 89
Scultura antropomorfa bifronte. Fiume Alento, Chieti (Abruzzo). Raffigura due teste con caratteri intermedi Uomo di Neanderthal e Uomo moderno. Selce.
Inventario 1735 Fiume Alicanto.

Fig. 90
Scultura antropomorfa bifronte. Verneuil-sur-Avre (Eure, Normandia, Francia). Raffigura due teste di uomini con mento. La lavorazione è totale; la simbologia è religiosa. Selce.
Inventario VER 1.

Fig. 91
Scultura antropomorfa bifronte. Rodi Garganico (Foggia). Raffigura una testa di *Homo sapiens* arcaico unita a una testa umana non definibile. Selce.
Inventario 697.

Fig. 92
Scultura antropomorfa bifronte. Rodi Garganico (Foggia). Raffigura due teste di Paleantropo. Selce.
Inventario AO 1110.

Fig. 93
Scultura antropomorfa bifronte Pendici Monte Olimpo (Grecia). Raffigura una testa di Neandertaliano arcaico (a sinistra) (interpretazione per tipologia) unita a testa umana con mento e senza fronte. Danneggiata da rotolamento.
Inventario 1715 OLIMPO.

Fig. 94
Scultura antropomorfa bifronte Vicenza. Raffigura una testa che sembra di Uomo moderno (a sinistra), unita ad una di Neandertaliano. Molto fluitata.
Inventario 1754 VICENZA.

Fig. 95
Scultura antropomorfa bifronte. Brema (Germania). Raffigura due teste di uomini arcaici. Paleolitico medio. Fluitata.
Inventario BR 1

Fig. 96
Scultura antropomorfa bifronte Vico Garganico (Foggia). Raffigura due teste in stile elegante e simbolico, senza raffigurazione di alcun particolare dei volti. Selce.
Inventario 1839.

Fig. 97
Scultura antropomorfa bifronte. Andora (Savona). Raffigura una testa di Neandertaliano (a sinistra) unita a una di Uomo moderno.
Inventario 135.

Fig. 98
Scultura antropomorfa bifronte. Rodi Garganico (Foggia). Raffigura due teste umane che sembrano di *Homo erectus*. Selce. La scorza risulta danneggiata parzialmente per rotolamento.
Inventario 630.

Fig. 99
Scultura antropomorfa bifronte. Toirano (Savona). Grotta del Colombo. Raffigura due teste, forse di *Homo erectus*.
Inventario 346.

Fig. 100
Scultura antropomorfa bifronte. Venosa (Potenza), 415 m s. l. m. Raffigura due teste, una simile a *Homo erectus*, l'altra non definita.
Inventario 1677.

Fig. 101
Scultura antropomorfa bifronte. Gela (Caltanissetta, Sicilia). Raffigura due teste di *Homo sapiens* arcaico con mento e senza fronte. Selce. Un po' rotolata dalle alluvioni.
Inventario S.736.

Fig. 102
Scultura antropomorfa bifronte. Pescara Raffigura due teste, forse di pre-Neandertaliani. È in selce e ha un danneggiamento da rotolamento alluvionale.
Inventario 1334.

Fig. 103
Scultura antropomorfa bifronte. Rodi Garganico (Foggia). Raffigura due teste umane unite per la nuca, semplicemente sbozzate. Forse è nello stile dell'epoca, probabilmente non finita nella lavorazione.
Inventario 50-15.

Fig. 104
Scultura antropomorfa bifronte. San Severo (Foggia). Raffigura due teste unite senza particolari del volto, di Uomo moderno.
Inventario 623.

Fig. 105
Scultura antropomorfa bifronte. Rodi Garganico (Foggia). Raffigura una testa di Paleantropo con unita per la nuca a un'altra testa più piccola sempre di Paleantropo. Molto fluitata. Acheuleano antico. Selce.
Inventario 50-1.

Fig. 106
Scultura antropomorfa bifronte. San Severo (Foggia). Raffigura una testa di Uomo di Neanderthal (a sinistra) unita a una testa di Uomo moderno con fronte e mento.
Inventario 412.

Fig. 107
Scultura antropomorfa bifronte. Falconara (Marche). Raffigura due teste di *Homo sapiens* arcaico con mento e senza fronte. Le mandibole sono scolpite da sotto. Molto danneggiata da rotolamento in acqua.
Inventario 622.

Fig. 108
Scultura antropomorfa bifronte. Senigallia (Ancona). Raffigura una testa senza fronte con mandibola prominente (a sinistra) unita a una testa con tratti meno spiccati. Selce.
Inventario 1885.

Fig. 109
Scultura antropomorfa bifronte. Confluenza dei fiumi Misa e Nevola (Ancona). Raffigura due teste in vista frontale, a sinistra un *Sapiens*, l'altra un *Sapiens Neanderthalensis*. La fotografia è laterale. La composizione è interessante, ma la lavorazione è modesta. Selce.
Inventario 1878.

Fig. 110
Scultura antropomorfa bifronte. Tortona (Alessandria). Raffigura due teste umane unite per la nuca. Lo stile è geometrico. Leggermente danneggiata da rotolamento.
Inventario 1859.

Fig. 111
Scultura antropomorfa bifronte. Tortona (Alessandria). Antiche alluvioni del torrente Scrivia. Raffigura due teste umane unite per la nuca. Stile allungato orizzontale.
Inventario 1802 TORTONA.

Fig. 112
Scultura antropomorfa bifronte. Mouthiers (Francia). Raffigura una testa in vista frontale con unita sul retro un'altra testa umana simile. Tipi non definibili.
Inventario MOU 1.

Fig. 113
Scultura antropomorfa bifronte. Rodi Garganico (Foggia). Raffigura due teste con mento e senza fronte, di cui una con bocca aperta. Pre-musteriano. Selce.
Inventario 50-11.

Fig. 114
Scultura antropomorfa bifronte. Bologna. Raffigura due teste umane unite per la nuca. Le tracce di lavorazione sono visibili nella parte sottostante e nell'unico occhio allargato su una forma naturale. Opera simbolica. Molto fluitata.
Inventario 1640.

Fig. 115
Scultura antropomorfa bifronte. Genova (Sestri Ponente, pendici Monte Gazzo). Raffigura una testa di Uomo moderno (sguardo a sinistra) unita a una di Uomo di Neanderthal oppure di Uomo di Grimaldi. Molto fluitata.
Inventario 1788.

Fig. 116
Scultura antropomorfa bifronte. Genova, località Vesima. Raffigura una testa di Uomo di Neanderthal unita per la nuca a una testa di mammifero. La tipologia è simile a quella della scultura Fig.59 del libro "*Scultura antropomorfa paleolitica*", op. cit.
Inventario VESIMA 5.

Fig. 117
Scultura antropomorfa bifronte. Genova (Sestri Ponente, pendici Monte Gazzo). Raffigura una testa di Neandertaliano unita a una di *Sapiens* arcaico.
Inventario 1801.

Fig. 118
Scultura antropomorfa bifronte. Villanova d'Albenga (Savona). Raffigura una testa di Uomo moderno (a sinistra) unita a una di Neandertaliano. Lievemente danneggiata da rotolamento.
Inventario 348.

Fig. 119
Scultura antropomorfa bifronte. Località Vesima, Genova. Raffigura due teste umane (piccola a sinistra), unite. A destra una grande con bocca spalancata. Sembrano due Sapiens arcaici. Lo stile è di tipo allungato.
Inventario 300 B.

Fig. 120
Scultura antropomorfa bifronte. Pofi (Frosinone, Lazio). Raffigura due teste, forse di *Homo sapiens* arcaico, entrambe con impostazione semi frontale.
Inventario 1291.

Fig. 121
Scultura antropomorfa bifronte. Borzonasca (Genova), 167 m s. l. m. Raffigura una testa di *Homo erectus* abbinata ad altra testa umana; altre tre fotografie nel libro "*Scultura antropomorfa paleolitica*", op. cit.
Inventario BORZO.

Fig. 122
Scultura antropomorfa bifronte. Fidenza (Emilia). Raffigura due teste, a sinistra *Homo erectus* oppure Neandertaliano arcaico; a destra un *Homo sapiens* arcaico. Notevole deformazione stilistica. Molto danneggiata da rotolamento, ma sono visibili tracce di lavorazione della scultura.
Inventario 1944.

Fig. 123
Scultura antropomorfa bifronte. Maribo (Danimarca). Raffigura due teste umane unite per la nuca, con assenza di fronte, una con mandibola prominente. Altri quattro disegni in "*Scultura antropomorfa paleolitica*", cit.
Inventario MARIBO (DK).

Fig. 124
Scultura antropomorfa bifronte. Urbe, località Palo (Savona). Raffigura due teste umane di due differenti dimensioni. I tipi umani sono nella linea *Sapiens* con mento.
Inventario 343.

Fig. 125
Scultura antropomorfa bifronte. Rodi Garganico (Foggia). Raffigura due teste che potrebbero essere di *Homo erectus* o di Neandertaliani arcaici.
Inventario 712.

Fig. 126
Scultura antropomorfa bifronte. Senigallia (Ancona). Raffigura due teste umane senza la fronte, di cui una simile ad *Homo erectus* con mandibola prominente oppure con barba.
Inventario 1916.

Fig. 127
Scultura antropomorfa bifronte. Periferia di Konya, Turchia. Raffigura una testa di *Sapiens* arcaico (a sinistra) unita a una testa di un uomo di Neanderthal (a destra).
Inventario KONYA TURCHIA.

Fig. 128
Scultura antropomorfa bifronte. Rossiglione (Genova). Raffigura due teste di Uomo moderno. A sinistra in stile allungato, probabilmente un maschio; quella unita per la nuca è forse una femmina.
Inventario XH 10.

Fig. 129
Scultura antropomorfa bifronte. Rossiglione (Genova). Raffigura due teste di Uomo moderno, in stile allungato la testa a sinistra, con tratti del volto; a destra, una testa che ne è priva.
Inventario 607.

Fig. 130
Scultura antropomorfa bifronte. Passo della Cisa, valico tosco-emiliano, 1039 m s. l. m. Raffigura due teste di Uomo moderno. A sinistra un maschio con busto e copricapo, unito a una femmina o forse a un maschio imberbe.
Inventario NN 8.

Fig. 131
Scultura antropomorfa bifronte. Rossiglione (Genova). Raffigura una testa di Uomo moderno con collo, e sulla nuca una piccola testa. Paleolitico superiore.
Inventario 255.

Fig. 132
Scultura antropomorfa bifronte. Tiglieto (Genova). Raffigura due teste con mento e fronte appena accennata.
Inventario AN-16.

Fig. 133
Scultura antropomorfa bifronte. Borgio Verezzi (Savona), 85 m s. l. m. Raffigura una testa di Uomo moderno, e sul retro un'altra testa non definibile, ma con occhi.
Inventario 406.

Fig. 134
Scultura antropomorfa bifronte. Grotta del Colombo (scarti di scavo), Toirano (Savona). Raffigura una testa umana con tratti arcaici dei Neanderthal e di *Homo erectus*, unita (non visibile in foto) a una testa con barba, simile a quella della sua scultura bifronte di Borzonasca. Stessi tipi umani, stesso tipo di scultura, ma in stile geometrico (v. "*Scultura antropomorfa paleolitica*", op. cit.).
Inventario GROC.

Fig. 135
Scultura antropomorfa bifronte. Tiglieto (Genova). Raffigura due teste di Uomo moderno, con mento diverso.
Inventario 329.

Fig. 136
Scultura antropomorfa bifronte. Madrid (Spagna). Raffigura due teste di differenti dimensioni di Uomo moderno. Lo stile è elegante.
Inventario ZH 5.

Fig. 137
Scultura antropomorfa bifronte. Grotta della Basura, Toirano (Savona). Raffigura una testa di Neandertaliano (a sinistra) con unita una testa di Uomo moderno di maggiori dimensioni.
Inventario 323.

Fig. 138
Scultura antropomorfa bifronte. Urbe, località Piampaludo (Savona), 500 m s. l. m. circa. Raffigura una testa di giovane neandertaliana con unita una testa allungata di Uomo moderno con mento. In precedenza interpretata solo come donna neandertaliana. Nell'uomo è forte la deformazione stilistica per allungamento di tipo verticale.
Inventario H 212.

Fig. 139
Scultura antropomorfa bifronte. Grotta della Basura, Toirano (Savona). Raffigura una testa di Neandertaliano (a sinistra) con unita una testa umana di dimensione più piccola, di difficile interpretazione.
Inventario 322.

Fig. 140
Scultura antropomorfa bifronte. Genova, località Voltri. Raffigura mezza testa di Neandertaliano in vista frontale (a sinistra) con unita una testa umana in vista laterale, con sguardo rivolto in basso, interpretata come un defunto.
Inventario XH 4.

Fig. 141
Scultura antropomorfa bifronte. Urbe, località San Pietro d'Olba (Savona), 600 m s. l. m. Raffigura una testa di Neandertaliano con occhio e bocca, in vista laterale e semifrontale con unita una testa di Neandertaliano con sguardo rivolto in alto.
Inventario NN 7.

Fig. 142
Scultura antropomorfa bifronte. Grotta della Basura, Toirano (Savona). Raffigura una testa di Uomo moderno tipo di Grimaldi oppure di un Neandertaliano in transizione al moderno, unito a una testa con acconciatura a crocchia probabilmente del tipo di Combe-Capelle.
Inventario 341.

Fig. 143
Scultura antropomorfa bifronte. Andora (Savona). Raffigura a sinistra una testa di Uomo moderno unita a una di Neanderthal. La scultura è danneggiata da rotolamento. Lo stile è abbastanza proporzionato. Le due profonde incisioni raffigurano gli occhi.
Inventario XH 7.

Fig. 144
Scultura antropomorfa bifronte. Campo Ligure (Genova) 348 m s. l. m. Raffigura a sinistra una testa di Uomo moderno, a destra un Uomo di Neanderthal. Sono due tipi arcaici. Paleolitico medio.
Inventario XZ 13.

Fig. 145
Scultura antropomorfa bifronte. Andora (Savona). Raffigura a sinistra una testa di Uomo moderno unita a una di Neanderthal. Un pò fluitata. Forma a "C".
Inventario 1807.

Fig. 146
Scultura antropomorfa bifronte. Monti Lessini, Pian Castagnè (Verona). Raffigura due teste voltate quasi nella stessa direzione, di Paleantropi pre-Neandertaliani. Selce.
Inventario PIC 3.

Fig. 147
Scultura antropomorfa bifronte. Grotta della Bassura, Toirano (Savona). Raffigura due teste di Uomo moderno con mento.
Inventario 324.

Fig. 148
Scultura antropomorfa bifronte. Urbe, località San Pietro d'Olba (Savona), 600 m s. l. m. Raffigura una testa di *Sapiens* arcaico con mandibola prominente unita a una testa con caratteri meno spiccati.
Inventario FIG 114.

Fig. 149
Scultura antropomorfa bifronte. Alba (Cuneo) Raffigura una testa di animale (a sinistra) e una umana (a destra). Fine Paleolitico o forse Neolitico.
Inventario ALBA 1955.

Fig. 150
Scultura antropomorfa bifronte con unito un corpo umano con testa. Rossiglione (Genova). Raffigura una testa, forse di Uomo moderno (a sinistra) unita a una di Neandertaliano. Al centro scolpita una testa senza tratti del volto, con corpo, senza arti, che attribuisco a una femmina.
Inventario 126.

Fin. 151
Scultura antropomorfa bifronte con unito un corpo umano con testa. Località Palo, Urbe (Savona) 600 m s. l. m. Raffigura una testa di mammifero (a destra) e sul retro una testa umana. Su un lato è scolpito un corpo umano con testa, che attribuisco a una femmina.
Inventario 332.

Fig. 152
Scultura antropomorfa bifronte(quattro teste). San Feliù de Guixols , Costa Brava (Spagna). Raffigura due teste umane unite per la nuca, con due teste umane scolpite ciascuna sulla fronte delle due teste (quadrifronte). Una di queste, con mento, sembra di Uomo moderno. Fase finale del Paleolitico.
Inventario NN 14.

Fig. 153
Scultura antropomorfa tricefala. Albenga (Savona) raffigura tre teste umane unite per la nuca. Due sono senza mento, forse Neandertaliani, e una con mento. La lavorazione è accurata, ma leggermente deturpata da rotolamento.
Inventario 1818.

Fig. 154
Scultura antropomorfa tricefala. Genova, Vesima. Raffigura tre teste unite per la nuca. I tipi umani sembrano degli uomini moderni dell'inizio del Paleolitico superiore.
Inventario 394.

Fig. 155
Scultura antropomorfa bifronte (tre teste). Tiglieto (Genova), 500 m s. l. m. Raffigura tre teste umane unite per la nuca, di tre diverse dimensioni: una di Uomo moderno con mento e due di Neandertaliani.
Inventario 330.

Fig. 156
Scultura antropomorfa bifronte (tre teste). Sassello, località Palo (Savona) 405 m s. l. m. Raffigura tre teste di Uomo moderno. Fase finale del Paleolitico,. post-Aurignaziano.
Inventario NN 10.

Fig. 157
Scultura antropomorfa. Genova, Sestri, pendici Monte Gazzo. Raffigura una testa umana con corpo. Fluitata.
Inventario 1792.

Fig. 158
Scultura antropomorfa. Monticchio d'Elba (Reggio Emilia). Raffigura forse una donna neandertaliana con cappuccio, leggermente danneggiata da rotolamento.
Inventario 1942.

Fig. 159
Scultura antropomorfa. Sassello, località Palo (Savona). Raffigura una testa con cappuccio e corpo. Forse donna di Neanderthal.
Inventario 123.

Fig. 160
Scultura antropomorfa. Urbe, località Vara (Savona). Raffigura una testa umana con corpo.
Inventario 127.

Fig. 161
Scultura antropomorfa. Sassello, località Palo (Savona) 405 m s. l. m. Raffigura un uomo, forse di specie moderna, con corpo e braccia.
Inventario NN 9.

Fig. 162
Scultura antropomorfa. Tiglieto (Genova). Raffigura un uomo, forse moderno, con corpo e braccia, la faccia ha ben visibili un occhio e la barba.
Inventario 328.

Fig. 163
Scultura antropomorfa bifronte di donna incappucciata con testa sul dorso. Tiglieto (Genova) 500 m s. l. m. Raffigura una donna neandertaliana con cappuccio a cono, priva di attributi sessuali raffigurati, che sul dorso trasporta una testa umana che potrebbe esser un teschio. Non ritengo sia una divinità, ma una scena rituale.
Inventario 304

Fig. 164
Scultura antropomorfa. Confluenza dei fiumi. Misa e Nevola (Ancona). Raffigura una donna nuda con visibili attributi del sesso (Venere), danneggiata da rotolamento alluvionale e attribuita all'Acheuleano. Selce.
Inventario 624

Fig. 165
Scultura antropomorfa. Genova, località Sestri Ponente, pendici monte Gazzo. Raffigura una donna nuda con visibili attributi del sesso (Venere), molto danneggiata da rotolamento di onde marine. E attribuita all'Acheuleano.
Inventario 1858.

Fig. 166
Scultura antropomorfa. Savignano sul Panaro, Modena (Emilia-Romagna). Raffigura una donna nuda detta "Venere" con un cappuccio; la considero della specie Uomo di Neanderthal. È scolpita su lastra di pietra.
Inventario 593.

Fig. 167
Scultura zooantropomorfa bifronte. Pérrigueux (Francia). Raffigura una testa di leone (a sinistra) unita a una testa di Neandertaliano. Selce.
Inventario PER 3.

Fig. 168
Scultura zooantropomorfa bifronte. Rodi Garganico (Foggia). Raffigura una testa di Paleantropo senza fronte e mento, unita a una di mammifero. Acheuleano antico. Selce.
Inventario 50-7.

Fig. 169
Scultura zooantropomorfa bifronte. Rodi Garganico (Foggia). Raffigura una testa di mammifero (a sinistra) unita a una testa umana con mento oppure mandibola prominente, senza bifronte. Selce.
Inventario 50-10.

Fig. 170
Scultura zoo-antropomorfa bifronte. Peschici (Foggia). Raffigura una testa, forse di uomo di Neanderthal unita a testa di mammifero. Selce.
Inventario 50-22.

Fig. 171
Scultura zooantropomorfa bifronte. Rodi Garganico (Foggia). Raffigura una testa di mammifero (a sinistra) unita a una testa umana, forse di *Sapiens* arcaico. Fluitata. Selce.
Inventario 682.

Fig. 172
Scultura zooantropomorfa. Aarhus (Danimarca). Raffigura una testa di mammifero (a sinistra) unita a una testa umana nella linea evolutiva dell'Uomo moderno con mento. Acheuleano. Selce.
Inventario AA 2.

Fig. 173
Scultura zooantropomorfa bifronte. Rodi Garganico (Foggia). Raffigura una testa di ibrido artistico uomo-animale unito alla testa di un mammifero. Acheuleano. Selce..
Inventario 696- Ho 21.

Fig. 174
Scultura zooantropomorfa bifronte. Pescara. Raffigura una testa di mammifero, probabilmente un leone, unita a una testa umana, forse di Neandertaliano arcaico o di *Sapiens* arcaico.
Inventario 1355.

Fig. 175
Scultura zooantropomorfa bifronte. Masone (Genova). Raffigura una testa di Uomo moderno (tipo di Grimaldi) unita a una testa di mammifero.
Inventario NN 12.

Fig. 176
Scultura zooantropomorfa. Masone (Genova) 403 m s. l. m. Raffigura una testa di mammifero (a sinistra) unita a una testa umana, che risulta maggiormente danneggiata da rotolamento. Lo stile è di tipo allungato orizzontale.
Inventario MASONE (GE).

Fig. 177
Scultura zooantropomorfa bifronte. Bonny-sur-Loire (Orléans, Loiret, Francia) 181 m s. l. m. Raffigura una testa di mammifero unita a una di Paleantropo.
Inventario BON 1.

Fig. 178
Scultura zooantropomorfa bifronte. Rodi Garganico, torrente Romandato (Foggia). Raffigura una testa umana con mento (a sinistra) unita a una testa di mammifero. Paleolitico medio. Selce.
Inventario GA 3.

Fig. 179
Scultura zooantropomorfa bifronte. Faro Rossello, Realmonte (Agrigento). Raffigura la testa di un uomo arcaico unita alla testa di un mammifero.
Inventario CP 2.

Fig. 180
Scultura zooantropomorfa bifronte. Rodi Garganico (Foggia). Raffigura una testa di mammifero (a sinistra) unita a una testa stilizzata con allungamento di pre-Neandertaliano.
Inventario GA 2.

Fig. 181
Scultura zooantropomorfa bifronte. Torre in Pietra (Roma). Raffigura una testa umana (a sinistra) unita a testa di mammifero. Acheuleano. Molto danneggiata da rotolamento.
Inventario TORRE IN PIETRA.

Fig. 182
Scultura zooantropomorfa bifronte. Urbe, località Palo (Savona). Testa umana di Uomo moderno (o quasi) unita a testa di mammifero (a destra). Paleolitico medio finale.
Inventario 314.

Fig. 183
Scultura zooantropomorfa bifronte. Genova, località Vesima. Raffigura una testa umana (a sinistra) unita a una testa di mammifero. Tipo di roccia deturpato.
Inventario 1827.

Fig. 184
Scultura zooantropomorfa bifronte. Genova, Sestri Ponente, pendici Monte Gazzo. Raffigura una testa di mammifero, fosse unita a testa umana. Molto fluitata.
Inventario 1783.

Fig. 185
Scultura zooantropomorfa bifronte. Rodi Garganico (Foggia). Raffigura una testa di mammifero (a sinistra) unita a una testa umana in stile geometrico e simbolico. Acheuleano. Selce.
Inventario 50-4.

Fig. 186
Scultura zooantropomorfa bifronte. Vado ligure (Savona), 12 m s. l. m. Raffigura una testa di Uomo moderno unita a una di mammifero sul retro. Stile espressionistico. Paleolitico superiore.
Inventario 1863.

Fig. 187
Scultura zooantropomorfa bifronte. Rodi Garganico (Foggia). Raffigura una testa di uccello con grande becco (a sinistra) unita a una testa umana non definibile nella specie, ma arcaica. Acheuleano. Fluitata. Selce.
Inventario 50-21.

Fig. 188
Scultura zooantropomorfa bifronte. Rodi Garganico (Foggia). Raffigura una testa umana non definibile (a sinistra) unita a una di uccello con grande becco. Selce.
Inventario 50-17.

Fig. 189
Scultura zoomorfa. Périgueux (Francia). Raffigura una testa di uccello. Musteriano.
Inventario. PER 5.

Fig. 190
Scultura zooantropomorfa bifronte. Rodi Garganico (Foggia). Raffigura una testa di uccello (a sinistra) unita a una di mammifero o forse a una testa umana. Fluitata. Selce.
Inventario 50-6.

Fig. 191
Scultura zooantropomorfa bifronte. Monti Lessini, Pian Castagné (Verona). Raffigura una testa umana (a sinistra) unita a una testa che sembra di uccello, con utilizzo della forma naturale della pietra, ma nel retro vi sono asportazioni di materiale che la modellano.
Inventario PIC 1.

Fig. 192
Scultura zooantropomorfa bifronte. Tiglieto (Genova). Raffigura una testa di uccello unita a una testa umana.
Inventario AB 0.

Fig. 193
Scultura zooantropomorfa bifronte. Genova, località Vesima. Raffigura una testa umana unita a una di uccello.
Inventario NN 11.

Fig. 194
Scultura zooantropomorfa bifronte. Karaman (Turchia). Raffigura una testa umana unita a una di uccello. Notevole deformazione stilistica.
Inventario KARAMAN TURCHIA.

Fig. 195
Scultura zooantropomorfa bifronte. Tiglieto (Genova). Raffigura una testa umana (a sinistra) unita a una di uccello.
Inventario 396.

Fig. 196
Scultura zooantropomorfa bifronte. Larissa, 67 m s. l. m.(Grecia). Raffigura una testa con collo di un uccello o mammifero (a sinistra) unita a una testa umana. Molto danneggiata.
Inventario 1808.

Fig. 197
Scultura zooantropomorfa. Rodi Garganico (Foggia). Raffigura una testa di animale con corpo verticale umano.
Inventario 1745.

Fig. 198
Scultura zooantropomorfa. Varazze (Savona). Raffigura una testa di animale umanizzato, cioè un ibrido artistico - religioso.
Inventario 411.

Fig. 199
Scultura zooantropomorfa. Campo Ligure (Genova). Raffigura una testa umana senza naso con grandi labbra. Soggetto religioso rappresentante un uomo-pesce.
Inventario NN 1.

Fig. 200
Scultura antropomorfa bifronte. Genova, località Sestri Ponente, pendici Monte Gazzo (Liguria). Raffigura una testa umana con grandi labbra, forse zooantropomorfa, unita ad altra testa umana. I particolari delle due teste sono stati incisi, ma sono visibili nonostante il danneggiamento da rotolamento.
Inventario 1809.

Fig. 201
Scultura zoomorfa bifronte. Fiordo Roskilde (Danimarca). Raffigura due teste di mammifero unite per la nuca. Selce.
Inventario FRO 2.

Fig. 202
Scultura zoomorfa bifronte. Århus (Danimarca). Raffigura due teste di mammifero unite per la nuca. Selce.
Inventario AA 3.

Fig. 203
Scultura zoomorfa bifronte. Århus (Danimarca). Raffigura due teste unite di mammiferi. Selce.
Inventario AA 4.

Fig. 204
Scultura zoomorfa bifronte. Urbe, località Vara (Savona). Raffigura una testa di mammifero (probabilmente di cavallo) unita a una piccola testa forse di animale, non definibile.
Inventario AN-15.

Fig. 205
Scultura zoomorfa bifronte. Tiglieto (Genova). Raffigura due teste di mammiferi unite per la nuca in stile allungato.
Inventario 45.

Fig. 206
Scultura zoomorfa bifronte. Alluvioni del torrente Scrivia, Tortona (Alessandria). Raffigura due teste di mammiferi di specie differenti. Lo stile è di tipo allungato orizzontale. Scultura un po' danneggiata da rotolamento alluvionale.
Inventario 1861.

Fig.207
Scultura zoomorfa bifronte. Rodi Garganico (Foggia). Raffigura due teste di mammiferi. Selce. Un po' danneggiata da rotolamento.
Inventario 785.

Fig. 208
Scultura zoomorfa bifronte. Madrid (Spagna). Raffigura due teste di mammiferi. Selce. Stile allungato orizzontale. Probabilmente Acheuleano.
Inventario MA.

Fig. 209
Scultura zoomorfa bifronte. Senigallia, Ancona. Raffigura due teste di mammiferi unite per la nuca. Selce. Spessore 6 mm
Inventario 1897.

Fig. 210
Scultura zoomorfa. Rodi Garganico (Foggia). Raffigura una testa di mammifero. Selce.
Inventario CC -708.

Fig. 211
Scultura zoomorfa. Rodi Garganico (Foggia). Raffigura una testa di elefante antico con rappresentata nel muso una sorta di proboscide piegata. Selce.
Inventario 703.

Fig. 212
Scultura zoomorfa. Rodi Garganico (Foggia). Raffigura una testa di mammifero, forse ippopotamo. Selce.
Inventario 695.

Fig. 213
Scultura zoomorfa. Fiume Alento (Chieti, Abruzzo). Raffigura una testa di leone (lato sinistro). Selce.
Inventario 1959.

Fig. 214
Scultura zoomorfa. Genova. Sestri Ponente, pendici Monte Gazzo. Testa di leone. Probabile epoca musteriana.
Inventario 1799 M.GAZZO.

Fig. 215
Utensile zoomorfo. Vieste (Foggia). È un bifacciale (amigdala) decorato con forma di una testa di cigno o uccello simile.
Inventario AM -AN.

Fig. 216
Scultura zoomorfa. Grotta della Basura, Toirano (Savona). Raffigura una testa di leone.
Inventario 33.

Fig. 217
Scultura zoomorfa. Grotta delle Manie, Varigotti (Savona). Raffigura una testa, interpretata come leone ruggente. È pensile.
Inventario LEO.

Fig. 218
Scultura zoomorfa. Tiglieto (Genova). Raffigura una testa di serpente. È levigata.
Inventario 326.

Fig. 219
Scultura zoomorfa. Tiglieto (Genova). Raffigura una testa di canide.
Inventario 357.

Fig. 220
Scultura zoomorfa. Rodi Garganico (Foggia). Raffigura una testa di mammifero con corpo e senza arti.
Inventario 633.

Fig. 221
Scultura zoomorfa. Fiordo di Roskilde (Danimarca). Raffigura un mammifero con corpo. Selce.
Inventario FRO 1.

Fig. 222
Scultura zoomorfa. Urbe (Savona). Raffigura una testa di mammifero con parte del corpo, probabilmente il collo.
Inventario 126.

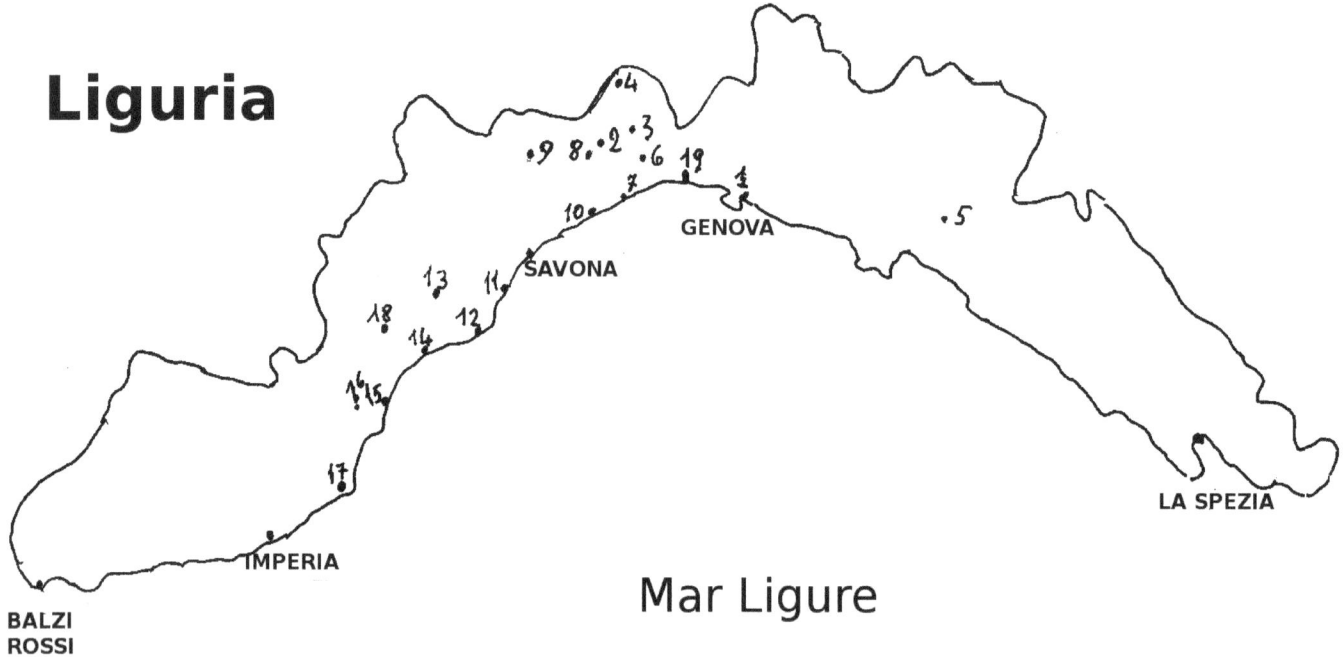

Distribuzione geografica delle località europee esplorate e con reperti di scultura paleolitica della Collezione esposta in questo Catalogo.

Provincia di Genova
1 Genova; 2 Tiglieto; 3 Campo Ligure; 4 Rossiglione; 5 Borzonasca: 6 Masone; 7 Cogoleto; 19 Genova-Vesima.
Provincia di Savona
8 Urbe; 9 Sassello; 10 Varazze; 11 Vado Ligure; 12 Varigotti; 13 Arma delle Manie; 14 Borgio Verezzi; 15 Albenga; 16 Villanova d'Albenga; 17 Andora; 18 Grotta della Basura di Toirano e dintorni.

Indice delle località

Italia

Abruzzo
Pescara 47/102/174
Fiume Alento (Chieti) 89/213

Basilicata
Venosa 100

Emilia-Romagna
Bologna 114
Fidenza (Parma) 122
Monticchio d'Enza (Reggio Emilia) 158
Savignano sul Panaro (Modena) 166

Lazio
Grotta delle Capre, Monte Circeo (Latina) 25/51
Torre in Pietra (Roma) 181
Pofi (Frosinone) 4/120

Liguria
Provincia di Genova
Genova 9/12/24/40/115/116/117/119/140/154/157/165/183/184/193/200/214
Tiglieto 38/41/50/132/135/155/162/163/192/195/205/218/219
Campo Ligure 45/144/199
Rossiglione 128/129/131/150
Borzonasca 121
Masone 217
Cogoleto 53

Provincia di Savona
Urbe 28/32/43/44/49/52/54/55/124/138/141/148/151/160/182/204/222
Sassello 46/156/159/161
Varazze 6/198
Vado Ligure 186
Borgio Verezzi 132
Toirano 48/99/134/137/139/801142/147/216
Andora 31/97/143/145
Varigotti 217
Villanova d'Albenga 118
Albenga 152

Marche
Falconara (Ancona) 107
Senigallia (Ancona) 3/10/11/20/37/74/75/79/82/108/126/209

Piemonte
Alba (Cuneo)149
Tortona (Alessandria)14/15/69/110/111/206

Puglia
Provincia di Foggia
San Severo 1/104/106
Rodi Garganico
2/5/6/7/17/26/27/30/34/35/36/56/57/58/61/62/63/64/65/66/67/68/71/72/73/78/81/83/84/91/
92/98/103/105/113/125/168/169/171/173/180/185/187/188/190/197/207/210/211/212/220
Peschici 19/39/170
Torrente Romandato, Rodi Garganico 21/22/178
Ischitella 86
Vico Garganico 96
Vieste 215

Sicilia
Faro Rossello, Realmonte (Agrigento) 16/179
Palma di Montechiaro (Agrigento) 60
Gela (Caltanissetta)59/101

Toscana
Passo della Cisa 130

Veneto
Vicenza 29/94
Pian Castagné, Monti Listini (Verona) 87/146/191

Danimarca

Århus 33/172/202/203
Esbjerg 70
Maribo 80/85/123
Fiordo di Roskilde 201/221

Francia

Mouthiers-sur-Boëme (Charente) 13/23/112
Périgueux (Dordogne) 8/76/77/167/189
La Micoque (Eyzies-de-Tayac-Dordogne) 88
Verneuil-sur-Avre (Eure, Normandie) 90
Bonny-sur-Loire (Loiret) 177

Germania

Brema 95

Grecia

Giannina 8
Monte Olimpo 93
Larissa 196

Spagna

Madrid 136/208
San Feliù de Guixols (Costa Brava) 152

Turchia

Konia 127
Karaman 194

Scritti e iniziative culturali dell'Autore

"L'arte nasce agli albori del Quaternario" (Sabatelli, Savona, 1968)

"Arte vergine" (C.S.I.O.A., Genova, 1974)

"Favola itinerante dell'uomo dell'Età della Pietra in Liguria" (G. & G. Del Cielo, Genova, 1976)

"Prescultura e scultura preistorica" (E.R.G.A., Genova, 1982)

Une sculpture zoomorphe suspendue du Mousterien (Congrès International de Paléontologie humaine, Nice, 1982)

Une sculpture anthropomorphe aux deux faces du Surrey (Primeval Sculpture I, Primigenia, 1984)

Un gisément moustérien sans art au Liban (ibidem)

The anthropomorphous double-faced divinity in the sculpture of the Lower and Middle Paleolithic (Primeval Sculpture II, Primigenia, 1984)

To be or not to be: that is the question (Primeval Sculpture III, Primigenia, 1984)

Fondazione e direzione del Museo delle Origini dell'Uomo (www.museoorigini.it, 2000)

Il volto megalitico di Borzone (Paleolithic Art Magazine, www.paleolithicartmagazine.org, 2000)

L'abbigliamento nelle "Veneri" di Liguria, Austria e Messico (ibidem)

L' intuizione di Boucher de Perthes (ibidem)

L'urlo di Homo Erectus (ibidem)

L'antica ceramica zooantropomorfa del Messico in relazione alle "Veneri" bifronti paleolitiche dei Balzi Rossi (ibidem)

Il bifrontismo con gli uccelli (Paleolithic Art Magazine, 2001)

Una scultura litica zooantropomorfa bifronte dell'Acheuleano evoluto di Roma-Torre in Pietra interpretata attraverso la tipologia delle sculture (ibidem)

L'origine dell'arte decorativa è nell'Acheuleano (ibidem)

Gli utensili litici e gli utensili lignei per la fabbricazione di utensili e sculture litiche nell'Acheuleano (ibidem)

Arte e Paletnologia (ibidem)

Una scultura litica zooantropomorfa bifronte dell'Acheuleano evoluto dell'Italia meridionale (ibidem)

Una scultura litica antropomorfa bifronte del Paleolitico inferiore della Danimarca (ibidem)

I cibi artistici rituali in Italia, da Homo Erectus a Homo Sapiens Sapiens (ibidem)

Aspetti della cultura materiale e della cultura spirituale nelle scoperte dell'Archeoastronomia e loro inserimento nella Paletnologia (Convegno Internazionale di Studi Liguri, 2002)

Breve storia delle scoperte dell'arte del Paleolitico inferiore, e ipotesi sul futuro della ricerca (Paleolithic Art Magazine, 2002)

L'idolatria nei colossi antropomorfi paleolitici e post-paleolitici (ibidem)

Affinità tra la Venere paleolitica con due teste dei Balzi Rossi (Liguria) e la Venere neolitica con due teste di Campo Ceresole (Lombardia)

Le Erme quadrifronti di Roma (ibidem)

Un ritratto umano scolpito 200.000 anni fa descritto con la didattica dell'arteologia (ibidem)

Il colosso di Whangape della Nuova Zelanda attribuito al Paleolitico superiore (ibidem)

Una doppia statuina antropomorfa del Paleolitico superiore (Paleolithic Art Magazine, 2007)

Definizione degli studi sull'arte del Paleolitico inferiore e medio (Paleolithic Art Magazine, 2009)

Erotic Art? ("100.000 years of Beauty", Gallimard, Paris, 2009)

Filogenesi della Bellezza, 2008 (www.Lulu.com)

Cellule intelligenti e loro invenzioni, 2010 (www.Lulu.com)

Erotismo e religione, 2011 (www.Lulu.com)

Scultura antropomorfa paleolitica, 2012 (www.Lulu.com)

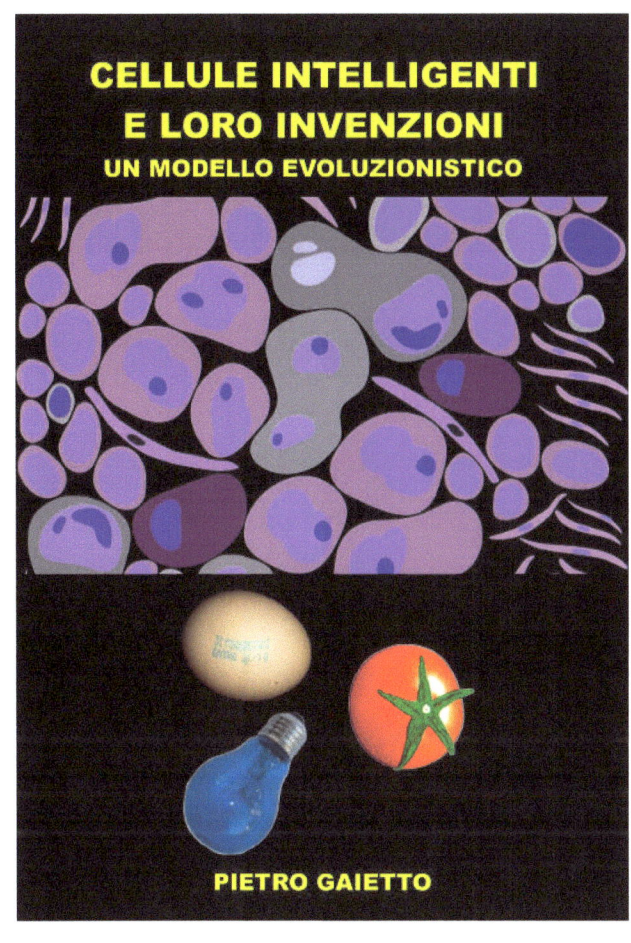

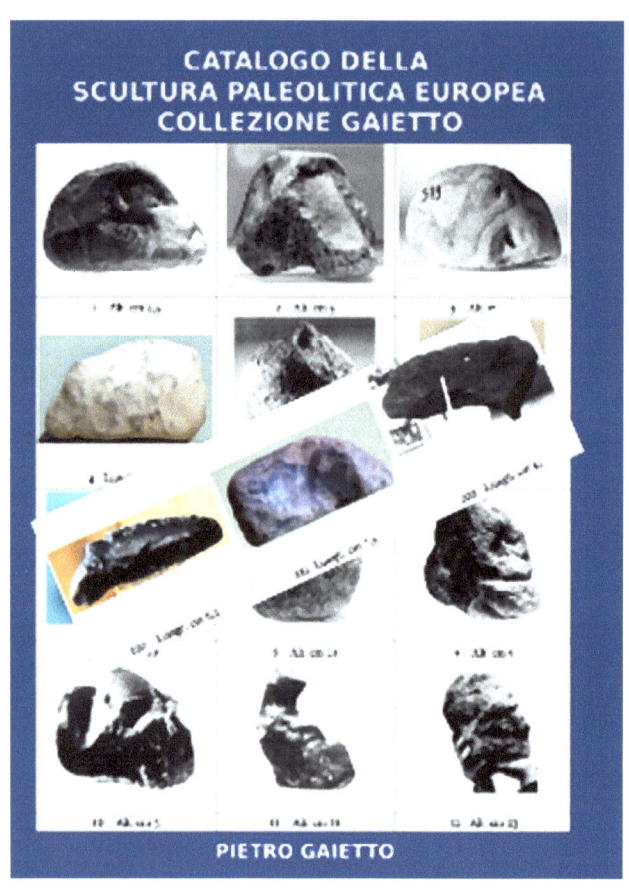

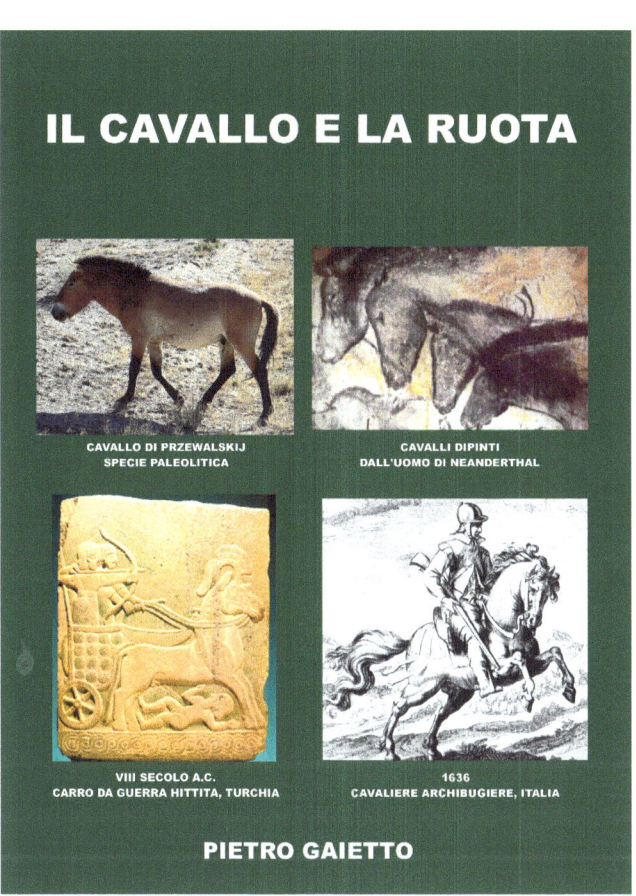

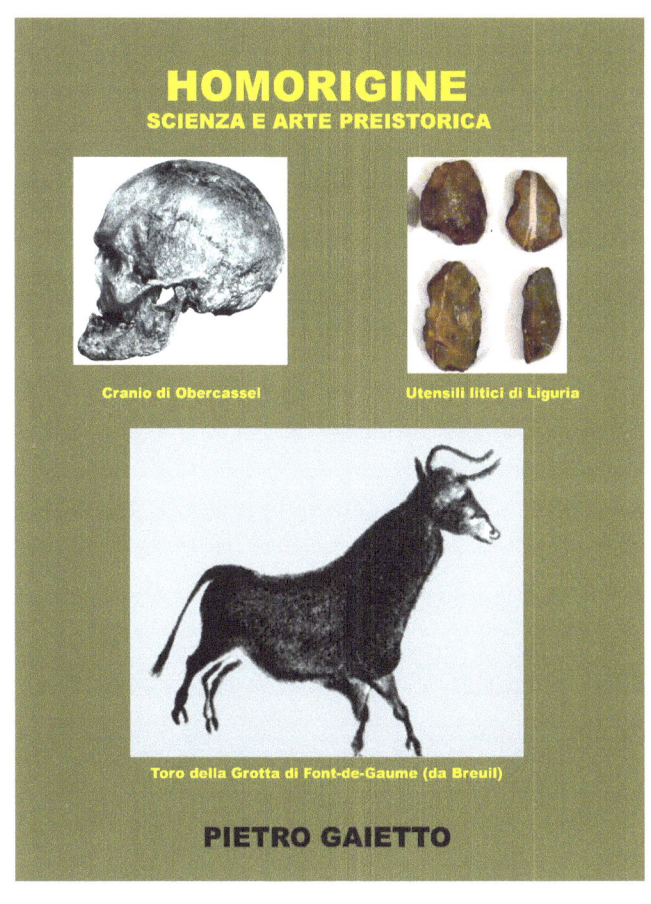

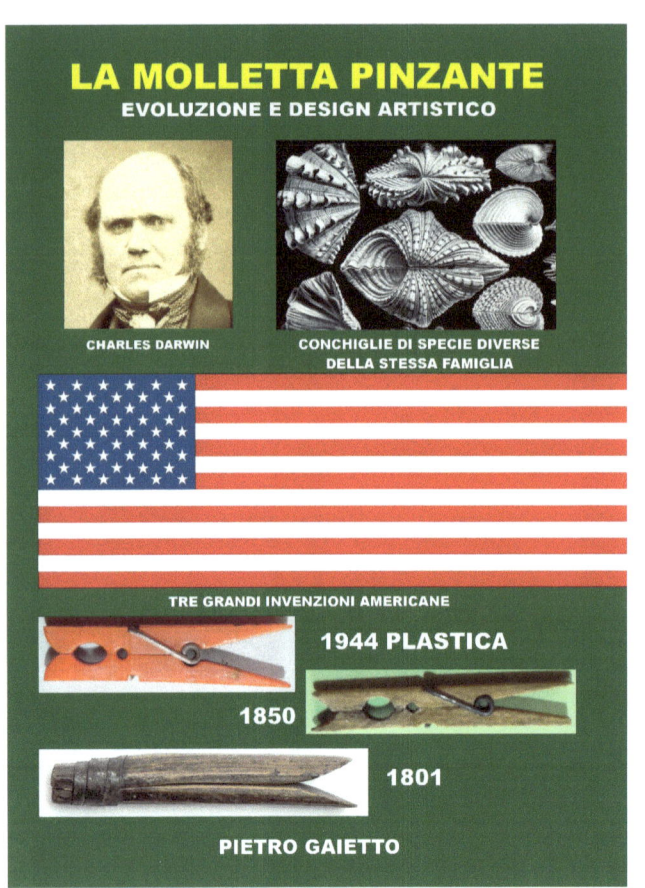

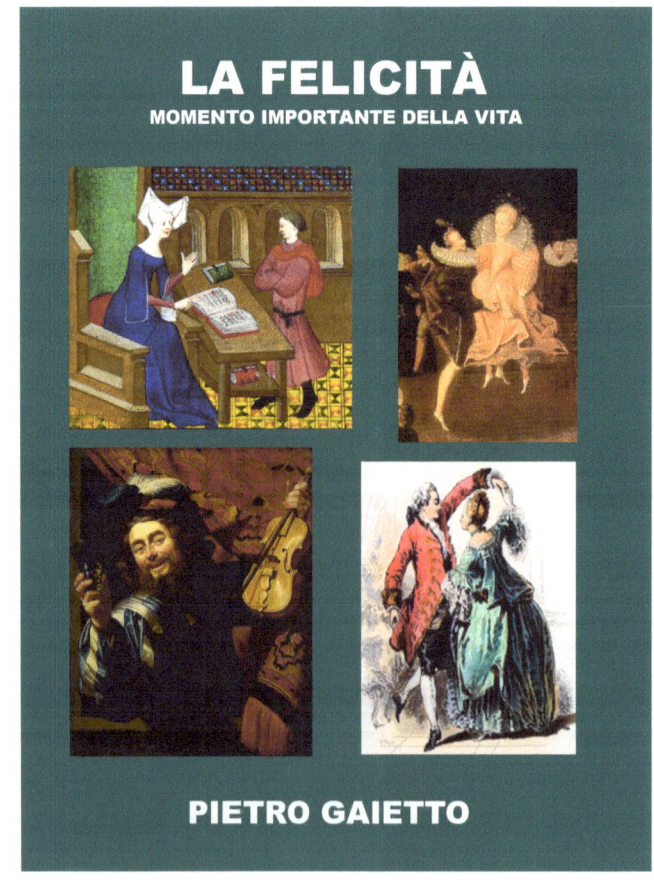

www.ingramcontent.com/pod-product-compliance
Lightning Source LLC
Chambersburg PA
CBHW051046180526
45172CB00002B/544